EINSTEIN'S COSMIC ETHER, THE ATOMIC ETHER, THEIR ETHERONS AND OUR MIND
(EN FRANÇAIS, VOIR P. 21)
L'ÉTHER COSMIQUE D'EINSTEIN, L'ÉTHER ATOMIQUE, LEUR ÉTHERONS ET NOTRE ESPRIT

*Science should never refuse to study **all** phenomena in the universe, from material to immaterial, from natural to so-called "supra or para"-natural.*

by

Prof. dr. Egbert Duursma[1]

---

[1] Member Academia Europaea, former director Netherlands Institute of Sea Research and of the Delta Institute of Hydrobiology of the Royal Netherlands Academy of Sciences. e-mail: duursma@orange.fr

This document is subject to copyright. All rights reserved, whether the whole or part of the material and subject concerned, specifically the rights of translation, reprinting, reciting, broadcasting, reproduction on Internet and production of TV series and films.

September 2013 revised December2014

Cover Photo: author

Why this document?

*Cosmic and atomic small particle research absorbs billions of dollars, while that of **the ether of the universe and of the atoms** is practically neglected. However, these atomic spheres and the universe contain **etherons** of a size of 10^{-35}m and in a quantity more than the particles of the atom nucleus of matter. They play a basic role in nature and life. Mankind's spirit, bound to the atomic ether, has not reached yet its optimal level, allowing all kind of failures and excesses.[2] Then what is this atomic ether, which seems to be so imperative?*

CONTENT
- **Cosmic ether**
- **Atomic ether**
- **Creation of atomic ether**
- **Etherons**
- **Major genesis and perseverance of the universe**
- **Mind and atomic ether**
- **Characteristics of Mind**
- **Matter and Mind**
- **Recommendations**
- **Conclusions**

---

[2] **Read also**: E. K. Duursma, 2012. The Zwikker Code; clearing mankind's indoctrination. Createspace Publ. Charleston, CS, USA (Existing also in French and Dutch).

COSMIC ETHER

Albert Einstein, in an address delivered on May 5th, 1920, at the University of Leyden: *According to the general theory of relativity, space is endowed with physical qualities; in this sense, therefore, there exists an **ether**.* [Additionally,] *space without ether is unthinkable; for in such space there would not only be no propagation of light, but also no possibility of existence for standards of space and time (measuring-rods and clocks), nor therefore any space-time intervals in the physical sense. But this ether may not be thought of as endowed with the quality characteristic of ponderable media, as consisting of parts which may be tracked through time. The idea of motion may not be applied to it. The ether does have electromagnetic properties (permeability and permittivity), from which Maxwell deduced the speed of light.*

Since the Hubble telescope discovered that our universe is expanding with an increasing speed, explanations have been sought by a kind of energy which causes this antigravitation phenomenon, a dark energy. It is also called zero energy which some inventors seem to be able to use for producing mechanical energy.

The leading view is that the universe since 7.5 billion years after the big bang is expanding with an accelerating rate, because "dark energy" is counteracting gravitation. So far nobody knows what dark or zero energy is, and it is **very strange** that such an energy of which its dimensions are unknown is **"pushing"**. This should all be related to the cosmic ether mentioned by Einstein, and it becomes evident that more knowledge should be obtained about our universe emptiness, which is not only limited to space in the Universe, but is also part of all matter. Therefore a **chemical** view on the phenomenon ether may add a few details in this discussion.

ATOMIC ETHER

In 1913 Niels **Bohr** published a theory about the structure of the atom, based on an earlier theory of Ernest **Rutherford**. This last scientist had shown that the atom consisted of a positively charged nucleus, with negatively charged electrons in orbit around it (**Fig. 1A**). Bohr expanded this theory by proposing that electrons travel only in certain successively larger orbits. He suggested that the outer orbits (or shells) hold more electrons than the inner ones, and that these outer orbits determine the atom's chemical properties (**Fig. 1B**). The electrons are present in an empty volume a thousand-billion (10^{12}) times larger than that of the nucleus of atoms, while their proper electron volumes are negligible.

Fig. 1A.
- An atom contains a nucleus of protons and neutrons which have a radius of: 1.6 (Helium) to 14 (Uranium) fm (1 fm=10^{-15} m)
- The radii of the atoms of Helium and Uranium are 60 and 255 pm (1 pm =10^{-12} m), respectively.
- From this, the ratio between the volume of the atomic ether to that of the nucleus are: for Helium: 54×10^{12} and for Uranium: 6.0×10^{12},

(10^{12} is thousand-billion).

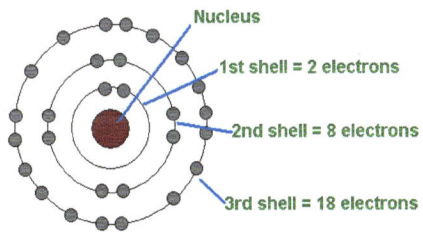

Fig. 1B. The distribution of the electrons in the atomic ether is in shells, of which the outer shells contribute to the formation of molecules. Because the electrons move so quickly around the nucleus, it is impossible to see where they are at a specific moment in time.

- All material in the universe, **except** that in neutron stars and black holes and that of cosmic ray particles (90% protons and 9% alpha particles) are atoms or molecules of the elements of the periodic system, and are for more than 99.999% empty. This emptiness we call an **atomic ether**.

- This atomic ether is uncompressible as it seems, and has similar properties as the cosmic ether in permeability and permittivity for some electromagnetic radiation and gravity.
- Although difficult to estimate **(Fig. 2)**, cosmic ether would be equally uncompressible since having the same properties as the atomic ether, except the latter containing electrons in different orbits. The question is, however, by **what** can it be compressed? Nuclei of material molecules are infinitely smaller.

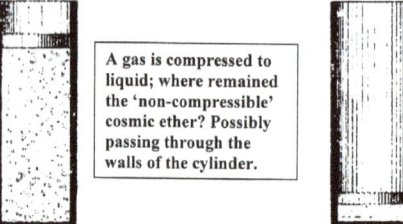

Fig. 2. Imaginary experiment of compressing gas molecules, free moving in cosmic ether.

A gas is compressed to liquid; where remained the 'non-compressible' cosmic ether? Possibly passing through the walls of the cylinder.

CREATION OF ATOMIC ETHER
- If we take the alpha particles, (consisting of 2 protons and 2 neutrons[3]), which arrive on earth from cosmic rays and those which are produced from radioactive substances, in particular the transuranic elements such as Uranium and Plutonium, the **question** arises **how** is the atomic ether of the produced Helium **created**?

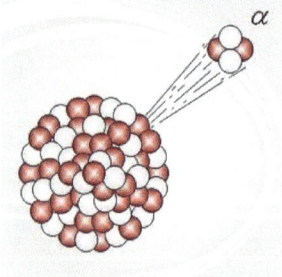

Fig. 3. An alpha particle emitted from a transuranium nucleus.

- If positive alpha particles would first capture 2 negative electrons from its environment **(Fig. 3)**, than the alpha particle would become 4 neutrons. However, neutrons are instable and within minutes they convert into protons and β particles. These β particles (electrons) should be projected with

---

[3] An unsolved enigma is why only the combination of 2 protons and 2 neutrons are released from radioactive substances and not any other combination of protons and neutrons. It has probably to do with the basic inter-nuclei forces.

great speed as secondary radiation. Such a process has never been observed from α radiation in a magnetic field (**Fig. 4**), where the α particles are going to the left, and the β particles to the right.

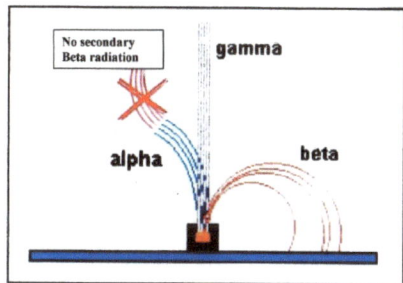

Fig. 4. Alpha (2+) and beta (1-) particles undergo deflection in a magnetic field. If alpha particles would absorb electrons, this would convert protons into neutrons, which are unstable and would reconvert again in protons by ejecting beta radiation. **This is not the case.**

Thus, there remain three possibilities, where

- the alpha particle **first** captures its atomic ether sphere, of thousand billion times its volume, and then absorbs 2 electrons from its environment, or
- the **other way around**, or
- **both** at the same time.

Since cosmic ray alpha particles **do not** capture anything from the cosmic ether during their passing in the universe, it seems logical that the second possibility is most obvious, although since it happens extremely rapidly, it approaches the third possibility. When cosmic alpha particles hit the atmosphere, they are converted into Helium gas by "grabbing" electrons and atomic ether from existing gas atoms or molecules. This should be the same for alpha particles from radioactive substances, hitting material or gas molecules.

The bulk of the neutron stars is next to neutrons, protons and electrons. They have about 1.4 solar masses, but only have a diameter of 12 km. Remembering that neutrons have in principle a short life of tenth of minutes, and that any element with a number of protons + neutrons in the nucleus higher than about 250 is instable, the question is what kind of processes occur inside of the neutron star. Any neutron in the core can become a proton which emits an electron, but this electron can be recaptured by another proton within the core. The surface of the star will be made of hydrogen and it is source of consequent radiation from radio waves to x-rays and gamma rays. The amount of neutron stars in the Milky Way is estimated at several hundred million.

Are they all, including the larger black holes potential sources of "Small Bangs"? It would be interesting to know. If so, the produced nuclei will "grab" from the cosmic ether the required atomic ether in order to create atoms and molecules. Probably sufficient electrons are around at such "Bangs".

ETHERONS
For any electromagnetic transfer in the universe and within atoms, a medium is requested that passes on radiation, but also "handles" the forces like magnetic forces and gravitation. From one spot to another, this medium should pass on these forces, like iron particles do with an iron magnet for magnetism (see **Fig. 5**).

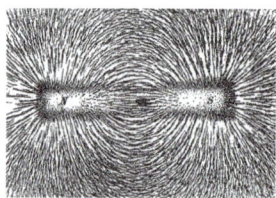

Fig. 5. Iron particles in a magnetic field.

This brings us to the theory of the existence of hypothetical particles (units), which the cosmic and atomic ethers contain. Ioan-Iovitz Popescu[4] gave them the name of **etherons**. It could have been gravitons, as has been sometimes suggested, but the essence is the part of the word "--ons", which has been used so frequently for so many sub-micro particles like protons, geons, neutrons etc.[5]

Popescu suggested them to have a rest mass of 10^{-69} kg with a rest energy of 10^{-33} eV, and a radius of about 10^{-35} m, existing each at a distance of each other of 10^{-15} m, which is the size of an atomic nucleus (See also **Fig. 1A**). This would result in

---

[4] I.-I. Popescu, R. E. Nistor, 2005. Sub-quantum medium and fundamental particles. *Romanian Reports in Physics, Vol. 57, No. 4, P. 659–670,* posted at http://www.rrp.infim.ro/2005_57_4/11-659-670.pdf
[5] The list is very extensive, like Photon, Gluon, W-boson, Z-boson, Higgsboson, Graviton, Kaon, Pion, Meson, Lepton, Neutrino, Electron, Positron, Muon, Proton, Neutron, Baryon, Fermion.

$2.2 \times 10^{+14}$ etherons per atom of for example Helium.

Much larger is the amount of etherons in the (observable) Universe, namely 10^{122}. It was estimated by Popescu[6] and as number later discussed by Funkhouser[7], taking into account the still unknown extension of the Universe. Thus basically the etherons carry $10^{122} \times 10^{-69}$ kg = 10^{53} kg of the mass of the Universe out of which the stars and planets carry about 6.75×10^{25} kg.[8] By contrast the volume of the Universe with respect to that of the etherons is void by a factor of 6.8×10^{78} m^3/4×10^{17} m^3 = 1.7×10^{61} (**Table 1**).

Table 1. Data on etherons and Universe.

etherons		
diameter etheron	10^{-35} m	Popescu
distance between etherons	10^{-15} m	Popescu
volume etheron	4×10^{-105} m^3	
weight etheron	10^{-69} kg	Popescu
specific weight etheron	2.5×10^{35} kg/m^3	
amount etherons in Universe	10^{122}	Popescu
weight etherons in Universe	**10^{53} kg**	
volume etherons in Universe	4×10^{17} m^3	
Universe		
radius Universe	1.7×10^{26} m	National Solar Observatory
volume Universe	6.8×10^{78} m^3	National Solar Observatory
ratio volume Universe/etherons	**1.7×10^{61}**	
weight visible matter in Universe mostly hydrogen	6×10^{51} to 6×10^{52} kg (0.74 of all matter in Universe is hydrogen)	National Solar Observatory

---

[6] I.-I. Popescu, 1982. Etheronica – o posibilă reconsiderare a conceptului de ether Studii si Cercetari de Fizica, Vol. 34 (5), 451-468, see English Translation at http://www.iipopescu.com:ether_and_etherons.html
I.-I. Popescu, R. E. Nistor, 2005. Sub-quantum medium and fundamental particles. *Romanian Reports in Physics, Vol. 57, No. 4, P. 659–670,* posted at http://www.rrp.infim.ro/2005_57_4/11-659-670.pdf

[7] S. Funkhouser, 2008. A new large-number coincidence and a scaling for the cosmological constant. Proc. R. SOC. A., 464, 1345-1353. See also at http://arxiv.org/ftp/physics/papers/0611/0611115.pdf

[8] National Solar Observatory.

Suppose these etherons really exist in either form of particle, mass or energy unit or another, **what should be their properties**?
- They should have electromagnetic properties in order to pass on: Radiation of any form and Electrical charge. In that case the distance between these etherons in the Universe should be **smaller** than the wavelengths of the various radiations. As shown in **Fig. 6.**, these wavelengths range from 10^{-15} m to 10^1 m, which is above the distance of 10^{-15} m between the etherons.

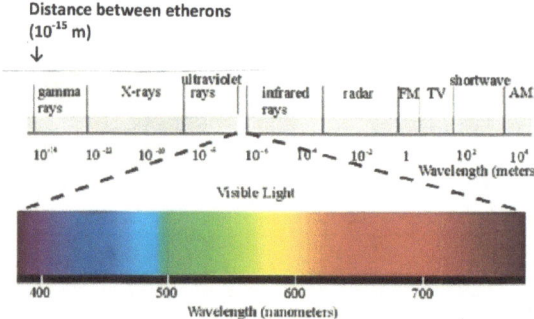

Fig. 6. Wavelengths of radiation « passed by » by etherons. Note that these are all larger than the distance between the etherons of 10^{-15} **m**.

- They should "pass on" **Magnetism** and **Gravity,** the latter in a similar way as shown in **Fig. 5** for iron particles in a magnetic field. In that way the gravity attraction of one mass by another mass becomes obvious.
- Thus we **finally know** how it is possible that one mass "knows" it is attracted by another mass.

Are the etherons stagnant and in constant amount per unit space?

- **Within an Atom:** Since they are equally attracted by gravity, such as air molecules by the earth, the etheron concentrations in the atomic ether might be higher (or more compressed) closer to the nucleus, thus explaining perhaps the zonation of electrons in the atomic ether as explained in **Fig. 1B**. This was the basis for the Periodic System, as developed by Dmitr Mendeleïv (**Fig. 7**).

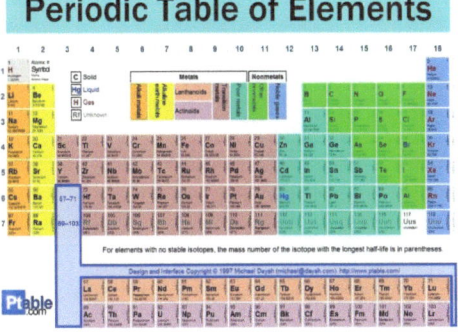

Fig. 7. Periodic system of elements, where the number of an element represents the amount of protons in the nucleus and the amount of electrons in the surrounding sphere.

- **In the Cosmos:** Since light is affected by the black holes, this would indicate that in the "neighbourhood" of extremely high centres of gravity, the concentrations of the etherons may also higher (or compressed) than else in the universe, thus bending the light beams coming from "adjacent" stars.

How would the "passing on" of radiation and gravity occur?
- For radiation, the etherons are in a state of vibration that allows the radiation to pass on with the speed of light. They don't move themselves but act as a kind of cilia.
- For spiritual activity in our brain or thoughts between individuals at distance, this is more difficult to explain, while the thoughts may flow independent of the speed of light, which means also more rapid. This unless thoughts have also electro-magnetic properties.
- For gravity this is a state of stagnancy, existing rather than occurring.

Can transfer of radiation and gravity be blocked?
- For radiation a blockage may indeed occur, depending on the intermediate matter and kind of radiation.
- For gravity no physical or material blockage seems to be possible. Any object in between two masses plays a role of additional mass, even its atomic etherons.
- However, if telekinesis caused by a human mind exists, it means an interference with the gravity attraction of objects by the earth.

MAJOR GENESIS AND PERSEVERANCE OF THE UNIVERSE
Accepting the theory of the atomic ether, the **real creation of the universe** started by the fact that in the created atoms the negative electrons were **not absorbed** by the positive nucleus. The electromagnetic "motion" in the atomic ether remained stable for billions of years. Due to this motion in a "vivid" emptiness we may speak also of a "living" atom. Only in dying stars and black holes the atomic ether is collapsing.

Ignoring for the moment that we don't have a clear explanation for the "living" atom, its emptiness is nevertheless the **corner stone** of the universe. The question is what is in motion and how? Classic views consider shells of electrons, moving around the centre; quantum mechanics view a statistical energy distribution. Some radiations can pass through, some not.

In the emptiness of the atoms occur all the phenomena, which have led to form combinations between atoms such as inorganic and organic molecules, and this started on earth some 5 billion years ago, if not earlier by chemical reactions. The basis of chemical transformation is the rearrangement of electrons in the chemical bonds between atoms.

But what happened when the first living material was formed? Some external signal, such as electrical sparks, changed organic compounds in the sense that the emptiness motions were affected and became reproducible. A slight aberration caused its reproduction, and resulted in the formation of the first living material. From that on, evolutionary processes started to continue and finally resulting in the living world of today.

However, was this initial mystery only happening billions of years ago? If the above theory is correct, there is no reason to believe why this process of formation of living material may not **have continued for ever**. Therefore it would be worthwhile to study species, which have only **"recently" been created**.

MIND AND ATOMIC ETHER
If we play a musical instrument, our mind instructs the neurons in our brain to give an electrical signal to our fingers. How is that possible? Only if

somewhere in the emptiness of the atoms of the neurons, a signal is given which results into that reaction.

And here we are in the field of the **bridge** between matter and mind. It will mean that our spirit is capable to act in the atomic emptiness on the electromagnetic motions and reactions.

But where is this mind? Can it act also outside of the body, since the emptiness of space is not limited to only molecules? If our spirit is able to act in the emptiness of the billions of atoms of our body molecules, why not it can act also anywhere in the ether of the universe. The same would then hold for spirits of deceased humans.

CHARACTERISTICS OF MIND
Definitions of mind as given in dictionaries:
- The non-physical part of a person, regarded as its true self and capable of surviving death or separation; or
- The animating or vital principle held to give life to physical organisms; or
- The immaterial intelligent or sentient part of a person.

Has mind electro-magnetic properties?
- We don't know no for sure, but it is present in the ether which supports electromagnetic events.

Where is our mind acting in our body?
- Obligatory acting on the molecules of our brain neurons. And thus having access to the volume of the atoms and is able to affect electro-magnetic processes.

Is mind in our body acting in the dimensions volume and time?
- Yes, because it can act on different neurons in our brain at any moment desired.

Is mind limited to mankind?
- Certainly not. Many organisms have the capacity of acting by making a decision to act.

To which quantity?
- It is limited to the brain capacity and the number of available neurons, which are the highest in mankind, at least for people without brain damage.

Is mind limited to a living body?

- Since the emptiness of our atoms and molecules is almost equal to that of the universe, there is only a barrier between them of electrons. Since mind acts in billions of atoms of billions of neurons, it probably can communicate outside a body (brain) as far as physical-chemical properties concern. If this occurs, there is nothing paranormal involved.

Are the minds of deceased persons surviving after death of the body?
- Since mind is acting in the emptiness of atoms and molecules, it can also survive in the emptiness of the surrounding universe. At least why not. Therefore religions classify their saints as survived minds. From the time of our prehistoric ancestors, this is thought to be true.

Can religious phenomena such as believe, faith, praying, meditation, acts of saints be explained in physical-chemical terms?
- Yes, in the form of seeking contact with either minds of deceased ancestors and saints. Whether there is a common mind as suggested by Carl Gustav Jung, depends of its interpretation. Perhaps the plural is true.
- There are films and discussions on the possibility that aliens inspired humans, such as with the Inca's. But if humans can have contact with billions of ancestors, their minds are perhaps those "so-called" aliens.
- And when a holy ghost can inspire Christians, why not "concentrated" ancestor minds can cause inspiration of brains of scientists and music composers? It is not necessary to invent aliens for that.

MATTER AND MIND

It is as old as the world that mankind tries to have an impact on matter and also believes or is certain, that matter has an impact on mind. For most of them there is no para-normal involved. Beautiful colours can make us feel a better men, and men tries to express in art a kind a radiation.

But limiting us to only those phenomena of impacts between matter and mind, which involve the atomic ether and cosmic ether, where man uses the atomic ether of its body cell molecules and in particular those of the brain neurones.

From this viewpoint, it will be possible to find the structure and *modus operandi* of for example
- Telekinesis, which concerns the relation mind with gravity, both active in the atomic ether,
- Telepathy,
- Hypnosis, which has an impact on our brain action, and
- Signals between humans at distance, such as between twins, which seem to act timeless.

Which force is encountering mind in its atomic and cosmic ether? As Einstein already said, *the cosmic ether has electromagnetic properties such as permeability and permittivity for letting radiation go through, and this count also for gravity*. In the atomic ether of molecules, we have additionally the binding forces which keep the spheres together and in which electrons of the outer orbits play a dominant role. We mentioned already a kind of "vivid" emptiness with full of action. But also full of something what is not yet understood. Words like *dark energy* does not help us further, since both *dark* and *energy* may be irrelevant, at least so far we know.

Fig. 8. International space vessel ISS. Courtesy of ESA

Telekinesis. the movement of objects at a distance, supposedly without being physically touched, is a hugely controversial phenomenon, in spite of the availability of a certain body of evidence for the existence of this phenomenon. But nevertheless telekinesis is in principle possible, it only depends from the strength of mind forces in the atomic ether and existing gravity forces. But these might be too different in strength for most people. A solid answer can be delivered when telekinesis experiments are carried out at the space ship ISS **(Fig. 8)**. It requires only an astronaut with mediatic gifts.

Telepathy. Telepathy is the name assigned to vibrations that propagate through the counter world. Telepathy belongs to a category of phenomena related to telekinesis, but is independent of gravity and concerns information obtained from atomic ether, exterior of the person. These may be not or weakly related with time. And here we touch the history of events connected to matter. Religion does recognize this phenomenon such as the veneration of relics and statues, while also actively spiritually loaded objects are created, such as Sacramental or Communion bread (hosts). Is it possible that objects and matter have a kind of memory of events, which are sensible for mankind? On the basis of atomic and cosmic ether and the liaison between them, it seems "technically" possible. But again as for telekinesis it depends on the magnitude of these ether-related phenomenae.

Hypnosis. The influence of human mind on that of others, but also of some snakes on their prey by hypnosis is well known. Again here, this phenomenon is only possible when the borders between atomic ether of brains and cosmic ether are trespassed. Without this, hypnosis will not have any effect.

Signals between humans at distance, such as between twins.
This phenomenon is also well known and the question is how these signals can pass in the field of atomic and cosmic ether. These signals seem to be independent of time and are extremely rapid. Since no mass is involved, it can be more rapid than the speed of light.

RECOMMENDATIONS
It is obvious that the atomic ether is a terrain for basic future research of physics, chemistry and psychology, which can be executed at much lower costs than the actual particle and space research. Its results would also have an impact on the research of the cosmic ether and the functioning of the universe.
- It seems logical to start with studies on the permeability and permittivity with respect to ultra-high frequency to lower-frequency radiation on atomic ether of various elements, from noble gasses to instable transuranics.
- Possibly nuclear fission studies contain aspects that might give light to the atomic ether.

- The same holds for the studies in Caderache on the future fusion nuclear reactor ITER **(Fig. 9)**.

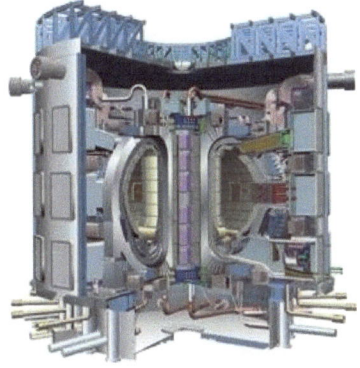

Fig. 9. ITER (International Thermonuclear Experimental Reactor) is a joint international research and development project that aims to demonstrate the scientific and technical feasibility of fusion power. Courtesy of ITER.

- Naturally the CERN **(Fig. 10)** in Geneva could focus on atomic etheron studies.

Fig. 10. CERN international centre for particle research at Geneva. Courtesy of CERN.

- Studies should be made on the working of our consciousness and sub-consciousness in how far these are impregnated in "our" atomic ether. Maybe we could solve the problem of indoctrination of complete populations.

CONCLUSIONS
- The **major mystery** of our universe is the fact that **atoms, containing large empty spheres (atomic ether), do not collapse for billion of years**.
- Both the Cosmic and Atomic ether contain etherons, of a size of 10^{-35} m. They can transfer radiation and are intermediate for gravity and magnetism.
- Their concentrations (or compressibility) can be higher close to centres of high gravity, such as for atoms, near the nucleus and for

the universe near black holes. That would explain zonation of electrons in atoms, and light deformation near black holes.
- The formation of atomic ether can be studied from radioactive α particles that convert into Helium atoms.
- If molecules can be formed chemically in the universe, the chance exists that some reactions may become reproducible and generates living material. It may happen statistically or it requires an external impulse. This form of creation of life may still happen at present.
- The bridge between matter and mind should be located in the "not really empty" spheres (atomic ether) around the atomic nuclei and their etherons.
- The human mind, alive or from deceased persons, may react in the emptiness of the universe with "help" of the etherons.
- *As long as science has no more insight in the "behaviour" of mind in the vast "vivid" emptiness of the atomic ether of our brain molecules, it will be difficult to evaluate many of the above described phenomena and theories.*
- *Science should, however, never refuses to study them and find reliable answers. There lays a large task for Physicists and Chemists in solving the permeability and permittivity of the atomic ether.*
- *A study by **religions,** accepting the existence of ether, etherons and their relation with mind, might help to overcome so many existing confusions.* **Joseph Ratzinger** *(Em. Pope Benedict XVI) wrote already in his book, Berührt vom Unsichtbaren,[9] "Nobody can build the bridge by his own strength to the infinite. No human being is sufficiently strong to call the infinite his own. No intelligence is enough to certainly devise whoever is God; whether he hears us; how one relates suitably towards him. Therefore, a particular conflict can be determined in the whole religious and intellectual history on the question of God."* Words, in an effort to understand the basics of our universe, life and mind, which is also the purpose of this document.
-

---

[9] Joseph Ratzinger, Berührt vom Unsichtbaren see page 30 Decembre Jahreslesebuch, HERDER, Freiburg-Basel-Wien 2005.

Certainly some progress in science and religion still has to be made. There is no reason for fear. In particular on the real cause of gravity and human indoctrination, with respect to matter and mind. Our human brains have sufficient capacities to solve these items, at least when these brains are not blocked from a young age on by indoctrination.[10]

---

[10] See Reference 2, in which book these items are central, and **for children** the Fairy Tale trilogy Ody (Ody his Odyssey, King Ody and the four existences and Ody's Daughter and the Solve tower).

L'ÉTHER COSMIQUE D'EINSTEIN, L'ÉTHER ATOMIQUE, LEUR ÉTHERONS ET NOTRE ESPRIT

La science ne devrait jamais refuser d'étudier tous les phénomènes de l'univers, matériels ou immatériels, naturels ou soi-disant « supra ou para »-naturels.

par

Prof. dr. Egbert Duursma[11]

---

[11] Membre de l'Academia Europaea, ancien directeur du NIOZ (Institut Royale de La Recherche de la Mer) et du DIHO (Institut Delta de Recherche Hydrobiologique) de l'Académie Royale des Sciences Néerlandaise. E-mail : duursma@orange.fr

Pourquoi ce document ?

La recherche des petites particules cosmiques absorbe des milliards de dollars, pendant que celle de l'éther de l'univers et des atomes est pratiquement négligée. Cependant, ces sphères atomiques et l'univers contiennent des **étherons** *d'une taille de 10^{-35}m et en quantité plus que la matière. Ils jouent un rôle de base dans la nature et dans la vie. L'esprit de l'espèce humaine, liée à l'éther atomique, n'a pas encore atteint un niveau optimal, en autorisant tout genre d'échecs et d'excès[12]. Alors pourquoi l'éther atomique est si impératif !*

CONTENU
- ÉTHER COSMIQUE
- ÉTHER ATOMIQUE
- CREATION DE L'ETHER ATOMIQUE
- ÉTHERONS
- GENESE MAJEURE ET PERSEVERANCE DE L'UNIVERS
- L'ESPRIT ET L'ETHER ATOMIQUE
- LES CARACTERISTIQUES DE L'ESPRIT
- LA MATIERE ET L'ESPRIT
- RECOMMANDATIONS
- CONCLUSIONS

---

[12] **Voir aussi**: E. K. Duursma, 2012. The Zwikker Code; clearing mankind's indoctrination. Amazon Kindle e-book. Aussi en français. Createspace Publ. Charleston, USA.

ÉTHER COSMIQUE

Albert Einstein, dans une adresse délivrée le 5 mai 1920, à l'Université de Leyden, a résumé: *Selon la théorie générale de la relativité, l'espace est doté de qualités physiques; par conséquent, dans ce sens, un éther existe. De plus, l'espace sans l'éther est invraisemblable; car dans cet espace, il ne serait non seulement aucune propagation de lumière, ni de possibilité d'existence de normes d'espace et de temps, ni intervalles d'espace-temps dans le sens physique. Mais cet éther ne peut pas être considéré comme doté de la caractéristique de qualité des médias pondérables, comme composé de pièces qui peuvent être l'objet d'un suivi dans le temps.*

L'idée de mouvement ne lui peut pas être appliquée. L'éther a des propriétés électromagnétiques (perméabilité et permittivité) d'où Maxwell a déduit la vitesse de lumière.

Depuis que le télescope Hubble a découvert que notre univers s'étend avec une vitesse croissante, les explications ont été données par une sorte genre d'énergie qui cause ce phénomène de l'antigravitation: une énergie sombre. Elle est aussi appelée l'énergie zéro. Quelques inventeurs paraissent être capables de l'utiliser pour produire l'énergie mécanique.

La vue principale est que depuis 7,5 milliards d'années l'univers après le Big Bang s'étende avec une vitesse accélérant, parce que « l'énergie sombre » contrarie la gravitation. De loin, personne ne sait définir l'énergie sombre ou zéro, et c'est de plus étrange qu'une telle énergie peut **« pousser »**. Tout cela doit être en rapport avec l'éther cosmique, mentionné par Einstein, et il devient évident que plus de connaissance devrait être obtenue au sujet de notre vide de l'univers. Celui-ci n'est pas seulement limité à l'espace de l'univers, mais fait aussi partie de toute la matière. Par conséquent, une vue **chimiqu**e sur le phénomène de l'éther peut ajouter des détails dans cette discussion.

ÉTHER ATOMIQUE

En 1913, Niels Bohr a publié une théorie sur le sujet de la structure de l'atome, basé sur une théorie précédente d'Ernest Rutherford. Ce dernier scientifique avait montré que l'atome consistait d'un noyau chargé positivement, avec des électrons chargés négativement dans l'orbite autour **(Fig. 1A)**. Bohr a étendu cette théorie en proposant que les orbites externes tenaient plus d'électrons que les intérieurs, et que ces orbites externes déterminent les propriétés chimique de l'atome **(Fig. 1B)**. Les électrons sont présents dans un volume vide de mille milliards plus grand que celui du noyau des atomes, pendant que les volumes des électrons sont négligeables.

Fig. 1A.
- Un atome contient un noyau de protons et de neutrons qui ont un rayon de 1.6 (Hélium) à 14 (Uranium) fm (1 fm=10^{-15} m).
- Les rayons des atomes de Hélium et d'Uranium sont de 60 et 255 pm (1 pm = 10^{-12} m), respectivement.

- Ainsi, le rapport entre le volume de l'éther atomique et celui du noyau est pour le Hélium 54×10^{12} et pour l'Uranium $6,0 \times 10^{12}$ (10^{12} = mille milliards).

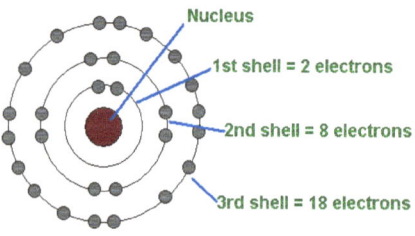

Fig. 1B. La distribution des électrons dans l'éther atomique est dans des couches (shells) différentes. Les couches externes contribuent à la formation chimique des molécules. Parce que les électrons se déplacent autour du noyau si rapidement, c'est impossible de savoir où ils sont à un moment spécifique du temps.

- Toute la matière dans l'univers, sauf les étoiles de neutrons, les trous noirs et les particules des rayons cosmiques (90% protons et 9% particules d'alpha), est composée d'atomes ou de molécules des éléments du système périodique, et ils sont pour plus de 99.999% vide. Nous appelons ce vide l'**éther atomique.**

- Cet éther atomique est incompressible, et il a des propriétés semblables à l'éther cosmique concernant la perméabilité et la permittivité pour des rayons électromagnétique et pour la gravitation.
- Bien que difficile à estimer **(Fig. 2)**, l'éther cosmique doit être également non-compressible, parce qu'il a les mêmes propriétés que l'éther atomique. Ce dernier contient des électrons dans des orbites différentes. La question est aussi par quoi l'éther cosmique peut être comprimé? Les nucléons de molécules matérielles sont infiniment plus petits.

Un gaz est comprimé en liquide; où est resté l'éther cosmique non-comprimable? A-t'il seulement traversé les parois du cylindre?

Fig. 2. Une expérience imaginaire est de comprimer des molécules d'un gaz, qui sont présent dans l'éther cosmique.

CRÉATION DE L'ÉTHER ATOMIQUE

- Prenons les particules alpha, (consistant de 2 protons et de 2 neutrons[13]), qui arrivent sur terre par des rayons cosmiques et celles qui sont produites par des substances radioactives, en particulier par les éléments transuraniques, tels que l'Uranium et le Plutonium. Alors, la question est de savoir **comment** l'éther atomique d'Hélium (produit d'alpha) a été **créé**?

---

[13] Une énigme irrésolue est pourquoi seulement la combinaison de 2 protons et de 2 neutrons existe dans les radiations radioactives et non pas toute autre combinaison de protons et de neutrons. Probablement il doit y avoir une relation avec les forces optimales entre ces particules.

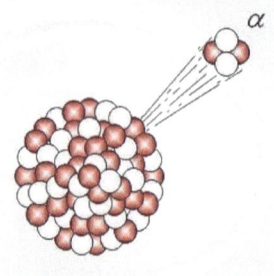

Fig. 3: Emission d'une particule alpha par un noyau d'un transuranien.

- Si les particules alpha positives captureraient en premier 2 électrons négatifs de son environnement **(Fig. 3)**, la particule alpha deviendrait 4 neutrons. Cependant, les neutrons sont instables et dans quelques minutes ils convertissent en protons et font une émission de particules bèta. Ces particules bèta (électrons) devraient être projetées avec grande vitesse comme une radiation secondaire. Un tel processus n'a jamais été observé dans un champ magnétique **(Fig. 4)**, où les particules α vont à gauche et les particules β à droite

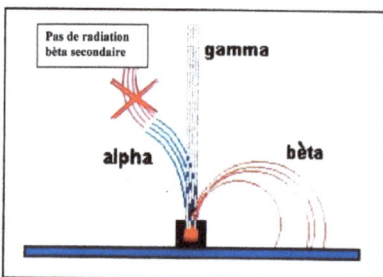

Fig. 4. Les particules alpha (2+) et bèta (1-) subissent une déviation dans un champ magnétique. Si les particules alpha absorberaient des électrons, cela convertirait des protons en neutrons qui sont instables et les reconvertiraient ensuite en protons en projetant une radiation de bèta. **Ce n'est pas le cas.**

Donc, il reste trois possibilités:
- La particule alpha capture **en premier** sa sphère de l'éther atomique de mille milliards fois son volume, et ensuite elle absorbe 2 électrons de son environnement, ou bien,
- **L'inverse,** ou bien,
- Les deux en même temps.

Depuis que les particules alpha des rayons cosmiques ne capturent rien de l'éther cosmique pendant leur passage dans l'univers, il paraît logique que la deuxième possibilité est évidente, bien qu'il se passe extrêmement vite et approche la troisième possibilité. Quand les particules alpha cosmiques ont frappé l'atmosphère, ils sont convertis en gaz d'Hélium en "attrapant" des électrons et de l'éther atomique des molécules de gazes de l'atmosphère. C'est le même pour les particules alpha de substances radioactives, frappant matière ou molécules de gaz.

Les étoiles de neutron contiennent à part les neutrons, des protons et des électrons. Elles ont approximativement une masse de 1,4 fois la masse solaire, mais seulement un diamètre de 12 kms.

En se rappelant que les neutrons ont en principe une vie courte de dix à vingt minutes, et que tout élément avec un nombre de protons et neutrons dans le noyau plus haut que 250 sont instables, la question se pose de savoir quel genre de processus se produit dans l'intérieur d'une étoile de neutron. Chaque neutron dans le cœur peut devenir un proton qui émet un électron, mais cet électron peut être repris par un autre proton dans le cœur.

A la surface de l'étoile les protons deviennent de l'hydrogène et il y a une source de radiation conséquente d'ondes radio aux rayons-X et aux rayons gamma. Le nombre d'étoiles de neutron dans la Voie Lactée est estimé à plusieurs centaines de million.

Sont-ils tous, y compris les plus grands trous noirs, sources potentielles de « Petit Bangs » ? Ce serait intéressant de savoir. Ainsi, les nucléés produits se saisiront de l'éther cosmique pour former l'éther atomique. Probablement suffisamment d'électrons sont disponibles autour de tels "Bangs."

ÉTHERONS
Pour tout transfert électromagnétique dans l'univers et dans les atomes, un support est demandé qui prend le soin du passage de rayonnement, mais aussi "gère" les forces comme les forces magnétiques et la gravitation. D'un endroit à l'autre, ce milieu doit transmettre ces forces, comme des particules de fer le font avec un aimant (**Fig. 5**).

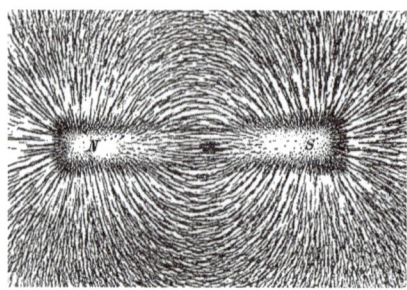

Fig. 5. Des particules de fer dans un champ magnétique d'un aimant.

Ceci nous amène à la théorie de l'existence de particules hypothétiques (unités), dont les éthers cosmiques et les éthers atomiques contiennent. Ioan-Iovitz Popescu leur donna le nom de étherons.[14] Cela aurait pu être des gravitons, comme parfois proposés, mais l'essence est la partie du mot «--on», qui a été si souvent utilisés pour autant de particules sous-micro, comme les protons, les neutrons, etc,[15]

Popescu a suggéré que les étherons ont une masse de repos de 10^{-69} kg, une énergie de repos de 10^{-33} eV, et un rayon d'environ 10^{-35} m. Chacune existant à une distance entre elles de 10^{-15} m, qui est la taille d'un noyau atomique (voir aussi **Fig. 1A**). Cela se traduirait par $2.2 \times 10^{+14}$ étherons par atome par exemple de l'Hélium.

---

[14] I.-I. Popescu, R. E. Nistor, 2005. Sub-quantum medium and fundamental particles. *Romanian Reports in Physics, Vol. 57, No. 4, P. 659–670,* posted at http://www.rrp.infim.ro/2005_57_4/11-659-670.pdf
[15] Cette liste est très extensive, comme: Photon, Gluon, W-boson, Z-boson, Higgsboson, Graviton, Kaon, Pion, Meson, Lepton, Neutrino, Electron, Positron, Muon, Proton, Neutron, Baryon, Fermion.

Beaucoup plus grand est le montant des etherons dans l'univers, à savoir 10^{122}. Il a été estimé par Popescu[16] et comme nombre discuté par Funkhouser[17], en tenant compte de l'extension, encore inconnue de l'univers. Ainsi, essentiellement les etherons portent $10^{122} \times 10^{-69}$ kg = 10^{53} kg de la masse de l'univers dont les étoiles et les planètes sont environ 6,75 $\times 10^{25}$ kg. Le volume vide de l'univers par rapport à celle des etherons est donné par un facteur de 6.8×10^{78} m³ / 4×10^{17} m³ = 1.7×10^{61} (**Tableau 1**).

Tableau 1. Les données sur les etherons et l'univers.

etherons		
diamètre etheron	10^{-35} m	Popescu
distance entre etherons	10^{-15} m	Popescu
volume etheron	4×10^{-105} m³	
poids etheron	10^{-69} kg	Popescu
poids spécifique de l'etheron	2.5×10^{35} kg / m³	
montant des etherons dans l'univers	10^{122}	Popescu
poids des etherons dans l'univers	10^{53} kg	
volume des etherons dans l'univers	4×10^{17} m³	
univers		
rayon de l'univers	1.7×10^{26} m	National Solar Observatory
volume de l'univers	6.8×10^{78} m³	National Solar Observatory
rapport entre la volume de l'univers / etherons	**1.7×10^{61}**	
poids de matière visible dans univers, plutôt d'hydrogène. (0,74 de toute la matière dans l'univers est l'hydrogène)	6×10^{51} à 6×10^{52} kg	National Solar Observatory

---

[16] I.-I. Popescu,1982. Etheronica – o posibilă reconsiderare a conceptului de ether Studii si Cercetari de Fizica, Vol. 34 (5), 451-468, see English Translation at http://www.iipopescu.com:ether_and_etherons.html
I.-I. Popescu, R. E. Nistor, 2005. Sub-quantum medium and fundamental particles. *Romanian Reports in Physics, Vol. 57, No. 4, P. 659–670,* posted at http://www.rrp.infim.ro/2005_57_4/11-659-670.pdf
[17] S. Funkhouser, 2008. A new large-number coincidence and a scaling for the cosmological constant. Proc. R. SOC. A., 464, 1345-1353. See also at http://arxiv.org/ftp/physics/papers/0611/0611115.pdf
[17] National Solar Observatory.

Supposons ces etherons existent réellement, soit sous forme de particules, de la masse ou des unités d'énergie ou d'autres, quelles sont leurs propriétés?
- Ils doivent avoir des propriétés électromagnétiques afin de faire passer: La radiation de toute forme et de la charge électrique. Dans ce cas, la distance entre ces etherons dans l'univers doit être plus petite que les longueurs d'onde des différents rayonnements. Comme représenté dans la **Fig.6.**, ces longueurs d'onde vont de 10^{-15} m à 10^1 m, ce qui est supérieur à la distance de 10^{-15} m entre les etherons.

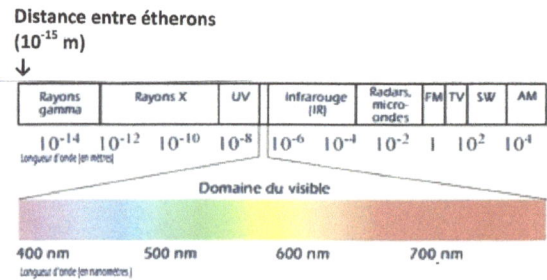

Fig. 6. Les longueurs d'onde des rayonnements «passés» par les etherons. Notez qu'ils sont tous plus grands que la distance entre les etherons de 10^{-15} m.

- Ils devraient "passer" le magnétisme et la gravité, ce dernier d'une manière similaire à celle représentée sur la **Figure. 5** de particules de fer dans un champ magnétique. De cette façon, l'attraction de la gravité d'une masse par une autre masse devient évidente.
- Ainsi, nous savons enfin comment il est possible qu'une masse "sait" qu'il est attiré par une autre masse.

Supposons que ces étherons existent réellement dans n'importe quelle forme de particule, de masse ou d'unité d'énergie ou d'une autre, **la question se pose de savoir que devrait être leurs propriétés?**
- Ils doivent avoir des propriétés électromagnétiques pour transmettre: De la radiation de toute forme et de la charge électrique.
- Ils devraient "passer" le magnétisme et la gravité, ce dernier d'une manière similaire, comme indiqué dans la **Fig. 5** pour des particules de fer dans un champ magnétique. De cette façon, l'attraction de gravité d'une masse par une autre masse devient évidente.
- Ainsi, nous savons enfin comment il est possible qu'une masse "sait" qu'il est attiré par une autre masse.

Est-ce que les étherons sont stagnants et en quantité constante par unité d'espace?

- **Dans un atome:** Comme ils sont aussi attirés par la gravité, comme les molécules d'air par la terre, les concentrations des étherons dans l'éther atomique pourrait être plus élevées (ou plus comprimées) plus près du noyau Ceci explique peut-être les zonassions des électrons  dans l'éther atomique comme il est expliqué dans la **Fig. 1B**. Ce fut la base de la classification périodique, tel que développée par Dmitr Mendeleïv (**Fig.7**).

Fig.7. Système périodique des éléments, où le nombre d'un élément représente la quantité de protons dans le noyau et la quantité d'électrons dans la sphère entourant.

- **Dans le Cosmos:** Puisque la lumière est affectée par les trous noirs, ce qui indiquerait que, dans le «quartier» des centres de gravité extrêmement élevées, les concentrations des étherons peuvent également être supérieures (ou plus comprimées) que le reste de l'univers. Ainsi causant la déflexion des rayons de lumière provenant d'étoiles "voisines".

Comment peut-on envisager le «transfert» de radiation et de gravité dans l'éther cosmique et atomique?

- En cas d'irradiation, les étherons sont dans un état de vibration qui permet au rayonnement de passer à la vitesse de la lumière. Ils ne bougent pas, mais agissent comme une sorte de cils.
- Pour l'activité spirituelle dans notre cerveau ou le transfert de pensées entre les individus à distance, ceci est plus difficile à expliquer. Probablement les pensées peuvent circuler indépendamment de la vitesse de la lumière, ce qui signifie aussi plus rapidement. Sauf si les pensées aient aussi des propriétés électromagnétiques.

- Pour la gravité et le magnétisme c'est un état de stagnation, existant plutôt que de soutenir.

Peut-on bloquer les rayonnements et la gravité?
- Pour le rayonnement, un blocage peut en effet se produire, selon la matière intermédiaire et le type de rayonnement.
- Pour la gravité aucune obstruction physique ou matérielle ne semble être possible. Tout objet entre deux masses joue un rôle de masse supplémentaire, où ses étherons atomiques jouent un rôle.
- Cependant, si la télékinésie, causée par un esprit humain existe, cela signifie que l'interférence dans l'attraction de gravité des objets par la terre semble être possible.

GENÈSE MAJEURE ET PERSÉVÉRANCE DE L'UNIVERS

En acceptant la théorie de l'éther atomique, la **véritable création de l'univers** a commencé par le fait que dans les atomes créés les électrons négatifs **n'ont pas été absorbés** par le noyau positif. Dans l'éther atomique des atomes le "mouvement" électromagnétique est **resté stable** pour des milliards d'années ou plus. Dû à ce mouvement dans un vide "éclatant", nous pouvons parler aussi d'un atome "vivant." L'éther atomique s'écroule seulement dans les étoiles mourantes et dans les trous noirs.

Ignorant pour le moment que nous n'avons pas d'explication claire pour l'atome "vivant", son vide est néanmoins la clé de l'univers. La question concerne, quel est ce mouvement et comment il tient? Les vues classiques considèrent des orbites d'électrons autour du centre; le quantum mécanique suppose une distribution d'énergie statistique. Quelques radiations peuvent passer à travers, mais certains non.

Dans le vide des atomes se passent tous les phénomènes, qui ont mené à former des combinaisons entre atomes, tel que les molécules inorganiques et organiques. Ce processus a commencé sur terre il y a quelques 5 milliards d'années, si pas plus tôt, par les réactions chimiques. La base de transformation chimique est le nouvel arrangement d'électrons dans les liens chimiques entre atomes.

Mais, que c'est-il passé quand la première matière vivante a été formée? Quelque signal externe, comme une étincelle électrique, a changé des molécules organiques dans le sens que les mouvements du vide ont été affectés et ils sont devenus reproductibles. Une aberration légère a causé sa reproduction, et elle a mené à la formation de la première matière vivante. A partir de ce moment, des processus évolutionnaires ont commencé et ils ont résulté finalement dans le monde vivant d'aujourd'hui.

Est-ce que ce mystère de création ne se passait qu'il y a des milliards d'années? Si la théorie précitée est correcte, il n'y a aucune raison de croire que ce processus de formation de la matière vivante ne continue pas toujours. Par conséquent, cela vaudrait la peine d'étudier des espèces qui ont été créées seulement « **récemment** ».

L'ESPRIT ET L'ÉTHER ATOMIQUE
Si nous jouons un instrument de musique, notre esprit instruit les neurones de notre cerveau de donner un signal électrique à nos doigts. Comment est-il possible? Seulement si quelque part dans le vide des atomes des neurones, un signal est donné qui mène à cette réaction.

Ici nous sommes dans le champ du pont entre matière et esprit. Cela veut dire que notre esprit est capable d'agir dans le vide atomique sur les mouvements électromagnétiques dans les atomes et ces réactions chimiques.

Mais où se trouve cet esprit? Peut-il agir aussi en dehors du corps, parce que le vide d'espace n'est pas limité à seulement des molécules? Si notre esprit est capable d'agir dans le vide des atomes de nos molécules du corps, pourquoi cet esprit n'est pas capable d'agir n'importe où dans l'univers? La même chose s'appliquerait alors pour les esprits d'êtres humains décédés.

LES CARACTÉRISTIQUES DE L'ESPRIT
Les définitions de l'esprit données dans les dictionnaires:
- La partie non-physique d'une personne, considérée comme leur vrai identité, capable de survivre à la mort; ou
- L'animer ou le principe vital pour donner la vie aux organismes physiques; ou
- La partie intelligente ou sensible immatérielle d'une personne.

Où agit notre esprit dans notre corps?

- Il agit obligatoirement sur les molécules de nos neurones du cerveau. Et il a donc accès au vide des milliard des atomes, et il peut intervenir à des processus électromagnétiques.

Est-ce que l'esprit agit dans les dimensions d'espace et de temps?
- Oui, parce qu'il peut agir sur les neurones différents dans notre cerveau à tout moment désirés.

Est-ce que l'esprit est limité à l'espèce humaine uniquement?
- Certainement pas, beaucoup d'organismes ont la capacité d'agir en prenant des décisions.

Dans quelle quantité?
- C'est limité à la capacité du cerveau et le nombre de neurones disponibles qui sont les plus grands dans l'espèce humaine, sauf pour les personnes avec un cerveau endommagé.

Est-ce que l'esprit est limité à un corps vivant?
- Depuis que le vide de nos atomes et de nos molécules est presqu'égal à celui de l'univers, il y a à peine une barrière entre eux, sauf l'activité des électrons des atomes. Donc l'esprit peut communiquer à l'extérieur d'un corps (cerveau). Si cela se produit, il n'y a rien de paranormal.

Est-ce que les esprits de personnes décédées survivent après la mort?
- Parce que le vide des atomes et des molécules, est presqu'égal à celui de l'univers, il y a seulement une barrière entre eux par des électrons. Puisque l'esprit agit dans les milliards d'atomes des neurones, il peut communiquer à l'extérieure d'un corps (cerveau) aussi loin que concernent les propriétés physiques. Si cela se produit, il n'y a rien de paranormal.

- Par conséquent, les religions classent leurs saints comme esprits survécus. Depuis le temps de nos ancêtres préhistoriques, cela est une pensé acceptée.

Est-ce que des phénomènes religieux tels que la croyance, la foi, la prière, la méditation et les actes des saints, sont explicables en termes de réactions physico-chimiques?
- Oui, en cherchant contact avec les esprits des ancêtres décédés et les saints. S'il y a un esprit commun, comme suggéré par Carl Gustav Jung, cela dépend de son interprétation. Peut-être le pluriel est vrai.

- Il y a des productions pour la TV et des livres sur la possibilité que des extra-terrestres ont inspiré des êtres humains, tel qu'avec des Incas. Mais, si les êtres humains pouvaient avoir contact avec leurs milliards d'ancêtres, ils peuvent plutôt être inspirés par eux.
- Et quand le Saint Esprit peut inspirer les Chrétiens, pourquoi pas les esprits des ancêtres peuvent aussi inspirer des scientifiques et les compositeurs de musique ? Ce n'est pas nécessaire d'inventer des extra-terrestres.

LA MATIÈRE ET L'ESPRIT

L'idée est aussi vieille que le monde que l'espèce humaine essaie d'avoir un impact sur la matière et qu'elle croit ou est certaine, que la matière a un impact sur l'esprit. Pour la plupart, il n'y a aucune action paranormale impliquée. De belles couleurs peuvent nous faire sentir de meilleurs hommes, et les hommes essaient de s'exprimer dans l'art avec un genre de radiation.

Mais limitons-nous seulement aux phénomènes d'impacts entre matière et esprit. Cela implique l'éther atomique et l'éther cosmique, dans lesquels l'homme utilise l'éther atomique de ses molécules cellulaires et en particulier ceux des neurones du cerveau. De ce point de vue, il sera possible de trouver par exemple la structure et le *modus operandi* de :
- La télékinésie, qui concerne la relation de l'esprit avec la gravitation, les deux actifs dans l'éther atomique,
- La télépathie,
- L'hypnose qui a un impact sur notre cerveau et
- Les signaux entre êtres humains à distance, tel qu'entre jumeaux qui paraissent être indépendant du temps.

Quelles forces rencontrent l'esprit dans son éther atomique et cosmique ? Comme Einstein a déjà dit, *l'éther cosmique a des propriétés électromagnétiques telles que la perméabilité et la permittivité pour laisser passer la radiation, et cela compte aussi pour la gravité*. Dans l'éther atomique de molécules, nous avons en outre les forces qui gardent les sphères ensemble et dans lequel les électrons des orbites extérieurs jouent un rôle déterminant. Nous avons déjà mentionné un genre de vide « vivant ». Mais, il est aussi plein de choses qui ne sont pas encore comprises. Les mots comme énergie sombre ne nous aident pas à avancer, depuis les deux mots sombre et énergie sont sans rapport, au moins si loin de notre connaissance.

Fig. 8. Vaisseau spatial international ISS. Courtoisie ESA

La télékinésie, le mouvement des objets à distance, soi-disant sans être touché physiquement, est un phénomène énormément controversé, malgré la disponibilité d'une quantité d'évidence sur l'existence de ce phénomène. Néanmoins, la télékinésie est en principe possible, il dépend seulement du rapport entre la force spirituelle dans l'éther atomique et les forces de la gravité existantes. Ce rapport est probablement trop faible pour la plupart des hommes. Une réponse solide peut être délivrée quand les expériences de télékinésie sont portées au vaisseau d'espace ISS **(Fig. 8)**. On exige seulement un astronaute avec des talents médiatiques.

La télépathie. La télépathie est le nom assigné aux vibrations qui propagent à travers le monde de l'imagination. La télépathie appartient à une catégorie de phénomènes en rapport avec la télékinésie, mais elle est indépendante de la gravitation et concerne de l'information d'éther atomique extérieur de la personne. Cela peut ou non être faiblement lié au temps. Et ici nous touchons l'histoire des événements reliés aux matières. La religion reconnaît ce phénomène tel que la vénération de vestiges et de statues, et la création de tels objets comme les hosties, spirituellement chargées. Cela prouve que la matière ait un genre de mémoire d'événements, qui est apercevable par l'espèce humaine. Vu que les éthers atomique et cosmique ont une liaison entre eux, il paraît que c'est « techniquement » possible. Mais encore, comme pour la télékinésie, il dépend de la magnitude de ces phénomènes apparentés.

L'hypnose. L'influence par l'hypnose de l'esprit humain sur celui d'autres hommes, mais aussi de quelques serpents sur leur proie est bien connue. Encore ici, ce phénomène est possible seulement quand les frontières entre l'éther atomique de cerveau et l'éther cosmique sont passées. Sans cette possibilité entre les deux éthers, l'hypnose n'aura pas d'effet.

Les signaux entre êtres humains à distance, tel qu'entre jumeaux.
Ce phénomène est bien connu et la question est comment ces signaux peuvent passer dans le champ d'éther atomique et cosmique. Ces signaux paraissent être indépendants du temps et sont extrêmement rapides. Depuis qu'aucune masse n'est impliquée, les signaux peuvent être même plus rapides que la vitesse de la lumière.

LES RECOMMANDATIONS
C'est évident que l'éther atomique est un futur terrain de recherche pour la physique, la chimie et la psychologie. La recherche peut être exécutée à un coût=inférieur à la recherche sur les particules nucléaires. En plus, ces résultats auraient un impact sur la recherche de l'éther cosmique et sur le fonctionnement de l'univers.
- Il paraît logique de commencer avec les études sur la perméabilité et la permittivité en ce qui concerne la radiation d'une fréquence extrême haute sur l'éther atomique de plusieurs éléments, comme des gazes nobles jusqu'aux transuraniques instables.
- Peut-être les anciennes études sur la fission nucléaire, contiennent des aspects qui peuvent donner de la lumière sur l'éther atomique.
- Les études à Cadarache sur le futur réacteur de fusion nucléaire ITER **(Fig. 9)** peuvent également contribuer à notre connaissance sur les propriétés de l'éther atomique.

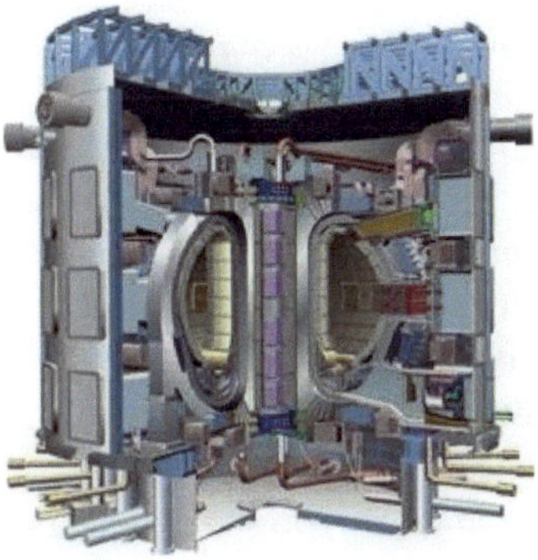

Fig. 9. ITER (Réacteur Expérimental Thermonucléaire International) est un centre de recherche internationale commune avec l'intention de démontrer la faisabilité scientifique et technique de la fusion nucléaire. (Courtoisie ITER).

- Naturellement, le CERN **(Fig. 10)** à Genève pourrait se concentrer aussi sur les études de l'éther atomique.

Fig. 10. CERN, Organisation européenne pour la Recherche nucléaire (Courtoisie CERN).

- Des études devraient être faites sur le fonctionnement de notre conscience et notre subconscience pour savoir comment ils sont imprégnés dans notre éther atomique. Peut-être nous pourrions résoudre enfin le problème de l'endoctrination complète des populations

CONCLUSIONS
- Le **grand mystère** de notre univers est le fait que les atomes de la matière contiennent de grandes sphères vides (éther atomique), qui ne s'écroulent pas.
- La cause est le fait que l'éther atomique est composés des étherons, qui ont une taille de 10^{-35} m. Ils sont aussi présent dans l'éther cosmique et ils transfèrent en principe tous rayonnements électromagnétiques et sont intermédiaire de la gravité et du magnétisme.
- Leurs concentrations (ou compressibilité) peuvent être plus élevées à proximité des centres de gravité élevé, tels que dans les atomes à proximité du noyau et dans l'univers proche des trous noirs. Ceci pourrait expliquer les zonassions des électrons dans les atomes, et la déformation de lumière près des trous noirs.
- La formation de l'éther atomique peut être étudiée par les particules alpha, qui se convertissent en atomes d'Hélium.
- Si les molécules peuvent être formées chimiquement dans l'univers, la chance existe que quelques réactions peuvent devenir reproductibles et produire de la matière vivante. Cela peut se passer

statistiquement ou il exige une impulsion externe. Cette forme de création de vie peut se passer encore en ce moment.
- Le pont entre la matière et l'esprit devrait être localisé dans les sphères atomiques autour du nucleus atomique.
- L'esprit humain, vivant ou des personnes décédées, peut ensuite aussi réagir dans le vide de l'univers (éther cosmique).
- *Tant que la science n'a pas plus de perspicacité sur le « comportement » de l'esprit dans le vide de l'éther atomique de nos molécules du cerveau, il sera difficile d'évaluer beaucoup de phénomènes et de théories ici décrits.*
- *Cependant, la science ne doit jamais refuser de les étudier et de trouver des réponses fiables. La grande tâche pour les physiciens et les chimistes est de résoudre la perméabilité et la permittivité de l'éther atomique avec ses étherons.*
- Une étude par les différentes religions, en acceptant l'existence de l'éther, les étherons et leur relation avec l'esprit, pourrait aider à surmonter tant de confusions existantes. Joseph Ratzinger (Em. Pape Benoît XVI) écrivait déjà dans son livre, « Berührt vom Unsichtbaren, Touché par l'Invisible[18] » et je cite : « *Personne ne peut construire le pont à l'infini par sa propre force. Aucun être humain n'est suffisamment fort pour appeler son propre l'infini. Aucune intelligence n'est suffisante pour*  *imaginer incontestablement quiconque est Dieu; si Lui nous entend et comme on s'agite convenablement vers lui. Par conséquent, un conflit particulier peut aussi être déterminé dans l'histoire entière religieuse et intellectuelle sur la question de Dieu.* »

Des mots, qui reflètent un effort de comprendre les bases de notre univers, de la vie et de l'esprit, ce qui est aussi le but de ce document.

Certes, des progrès dans la science et de la religion doivent encore être fait. Il n'ya pas de raison d'avoir peur! En particulier sur la cause réelle de la

---

[18] Benedikt XVI, Joseph Ratzinger, Berührt vom Unsichtbaren, voir page 30 décembre Jahreslesebuch, HERDER, Freiburg-Basel-Wien 2005.

gravité et de l'endoctrinement humaine, en ce qui concerne la matière et l'esprit. Nos cerveaux humains ont des capacités suffisantes pour résoudre ces problèmes, du moins quand nos cerveaux ne sont pas bloqués dès le jeune âge.

www.ingramcontent.com/pod-product-compliance
Lightning Source LLC
Chambersburg PA
CBHW040931180526
45159CB00002BA/695